A) Measure the rectangles in Centimeter

1)

2)

3)

4)

5)

6)

7)

8)

9)

B) Measure the rectangles in Centimeter

1)

2)

3)

4)

5)

6)

7)

8)

9)

C) Measure the rectangles in Centimeter

1)

2)

3)

4)

5)

6)

7)

8)

9)

3

D) Measure the rectangles in Centimeter

1)

2)

3)

4)

5)

6)

7)

8)

9)

E) Measure the rectangles in Centimeter

1)

2)

3)

4)

5)

6)

7)

8)

9)

F) Measure the rectangles in Centimeter

1)

2)

3)

4)

5)

6)

7)

8)

9)

G) Measure the rectangles in Centimeter

1)

2)

3)

4)

5)

6)

7)

8)

9)

H) Measure the rectangles in Centimeter

1)

2)

3)

4)

5)

6)

7)

8)

9)

I) Measure the rectangles in Centimeter

1)

2)

3)

4)

5)

6)

7)

8)

9)

J) Measure the rectangles in Centimeter

1)

2)

3)

4)

5)

6)

7)

8)

9)

K) Measure the rectangles and Calculate Perimeter

1)

2)

3)

4)

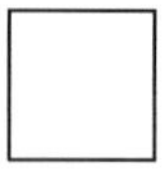

5)

6)

7)

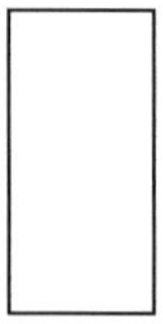

8)

9)

L) Measure the rectangles and Calculate Perimeter

1)

2)

3)

4)

5)

6)

7)

8)

9)

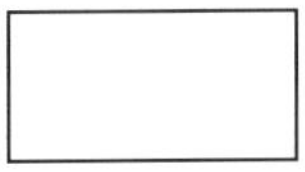

M) Measure the rectangles and Calculate Perimeter

1)

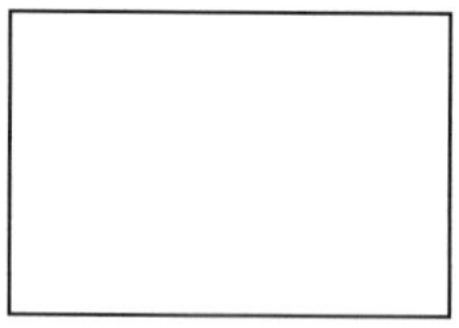

2)

3)

4)

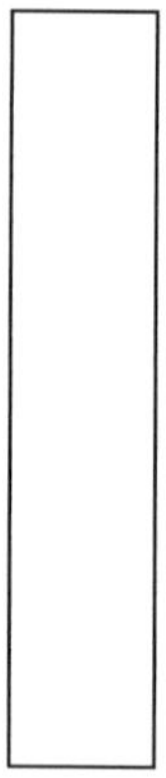

5)

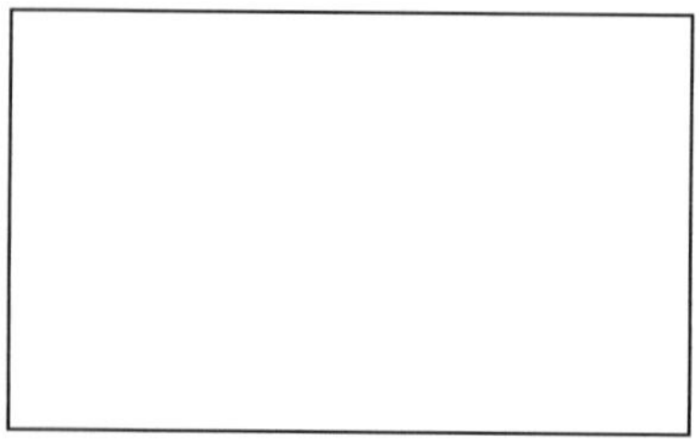

6)

7)

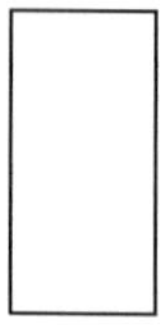

8)

9)

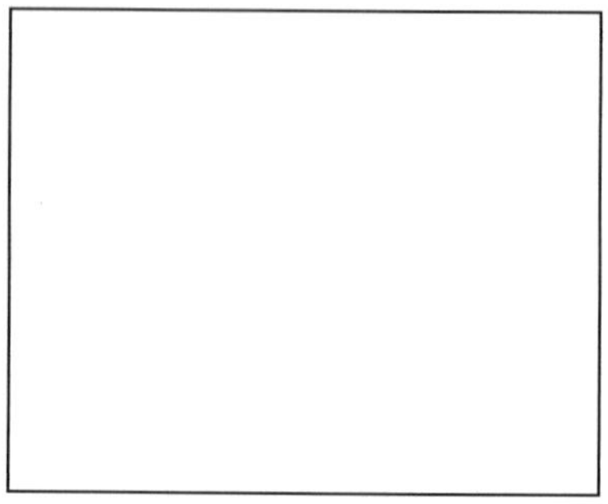

N) Measure the rectangles and Calculate Perimeter

1)

2)

3)

4)

5)

6)

7)

8)

9)

O) Measure the rectangles and Calculate Perimeter

1)

2)

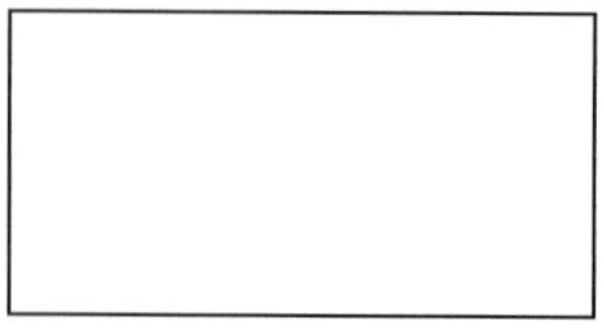

3)

4)

5)

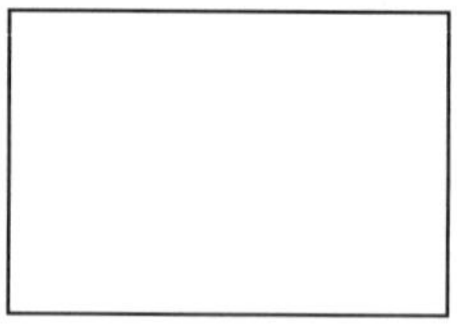

6)

7)

8)

9)

P) Measure the rectangles and Calculate Perimeter

1)

2)

3)

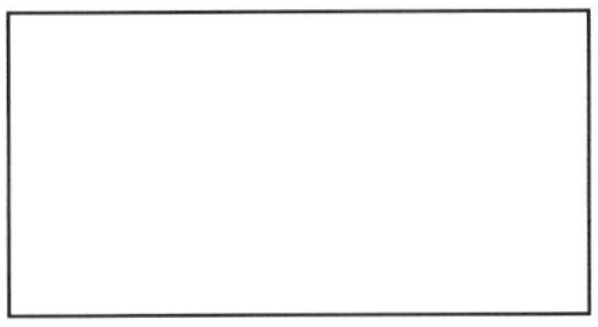

4)

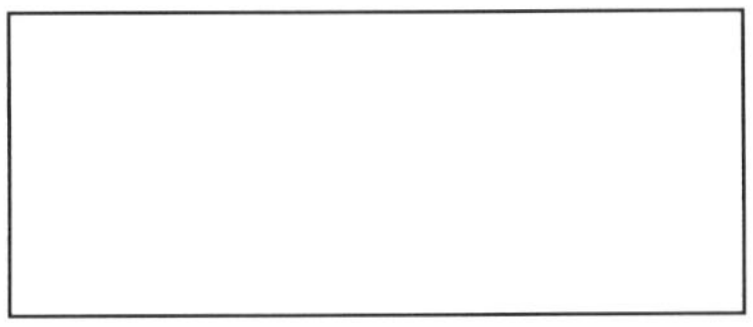

5)

6)

7)

8)

9)

Q) Measure the rectangles and Calculate Perimeter

1)

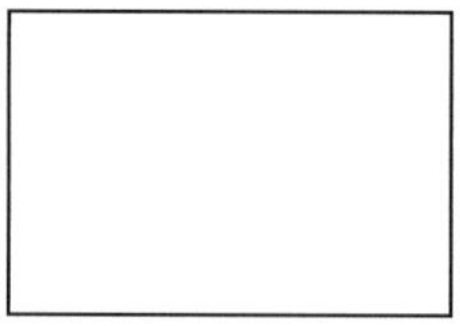

2)

3)

4)

5)

6)

7)

8)

9)

R) Measure the rectangles and Calculate Perimeter

1)

2)

3)

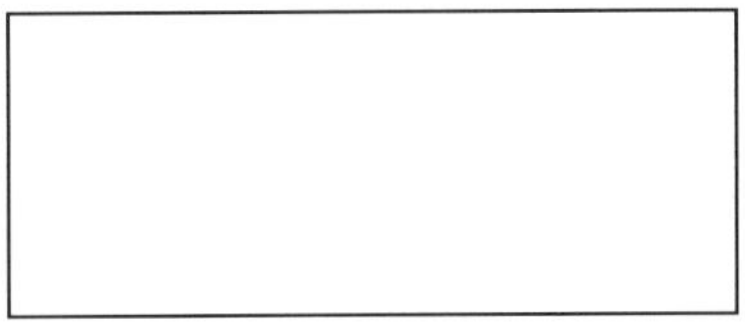

4)

5)

6)

7)

8)

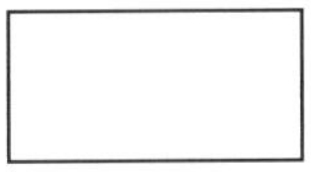

9)

S) Measure the rectangles and Calculate Perimeter

1)

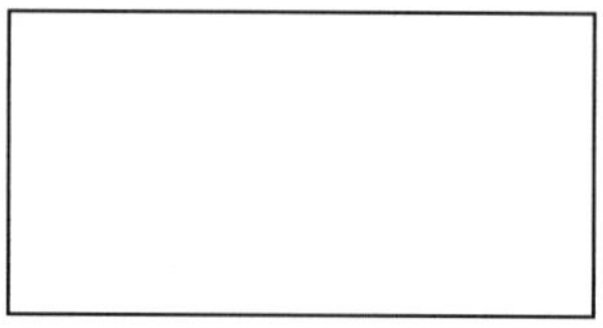

2)

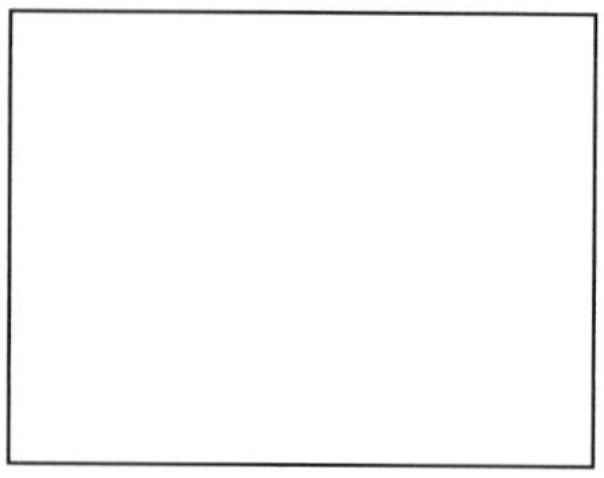

3)

4)

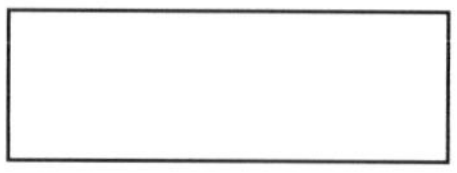

5)

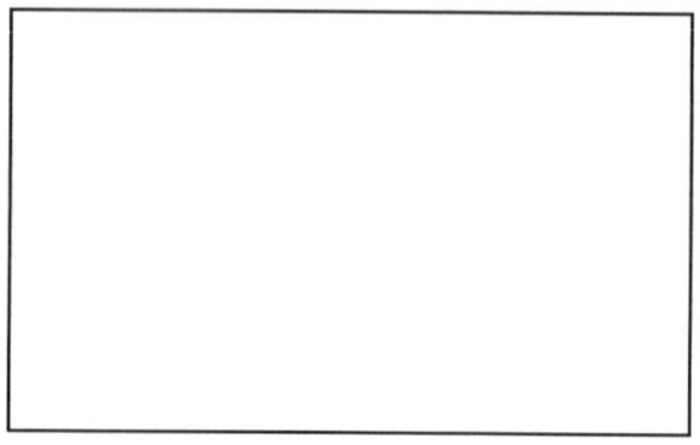

6)

7)

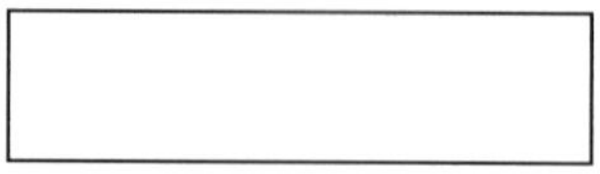

8)

9)

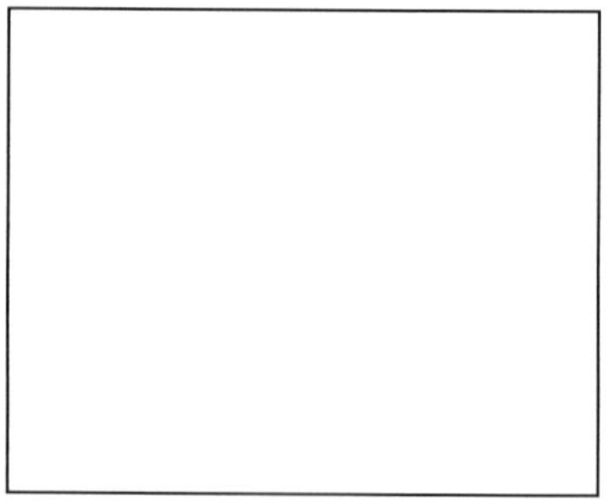

T) Measure the rectangles and Calculate Perimeter

1)

2)

3)

4)

5)

6)

7)

8)

9)

U) Measure the rectangles and Area

1)

2)

3)

4)

5)

6)

7)

8)

9)

V) Measure the rectangles and Area

1)

2)

3)

4)

5)

6)

7)

8)

9)

W) Measure the rectangles and Area

1)

2)

3)

4)

5)

6)

7)

8)

9)

X) Measure the rectangles and Area

1)

2)

3)

4)

5)

6)

7)

8)

9)

Y) Measure the rectangles and Area

1)

2)

3)

4)

5)

6)

7)

8)

9)

Z) Measure the rectangles and Area

1)

2)

3)

4)

5)

6)

7)

8)

9)

AA) Measure the rectangles and Area

1)

2)

3)

4)

5)

6)

7)

8)

9)

BB) Measure the rectangles and Area

1)

2)

3)

4)

5)

6)

7)

8)

9)

CC) Measure the rectangles and Area

1)

2)

3)

4)

5)

6)

7)

8)

9)

DD) Measure the rectangles and Area

1)

2)

3)

4)

5)

6)

7)

8)

9)

EE) Measure the rectangles and Calculate the Area and Perimeter

1)

2)

3)

4)

5)

6)

7)

8)

9)

FF) Measure the rectangles and Calculate the Area and Perimeter

1)

2)

3)

4)

5)

6)

7)

8)

9)

GG) Measure the rectangles and Calculate the Area and Perimeter

1)

2)

3)

4)

5)

6)

7)

8)

9)

HH) Measure the rectangles and Calculate the Area and Perimeter

1)

2)

3)

4)

5)

6)

7)

8)

9)

II) Measure the rectangles and Calculate the Area and Perimeter

1)

2)

3)

4)

5)

6)

7)

8)

9)

JJ) Measure the rectangles and Calculate the Area and Perimeter

1)

2)

3)

4)

5)

6)

7)

8)

9)

KK) Measure the rectangles and Calculate the Area and Perimeter

1)

2)

3)

4)

5)

6)

7)

8)

9)

LL) Measure the rectangles and Calculate the Area and Perimeter

1)

2)

3)

4)

5)

6)

7)

8)

9)

MM) Measure the rectangles and Calculate the Area and Perimeter

1)

2)

3)

4)

5)

6)

7)

8)

9)

NN) Measure the rectangles and Calculate the Area and Perimeter

1)

2)

3)

4)

5)

6)

7)

8)

9)

OO) Measure the rectangles and Calculate the Area and Perimeter

1)

2)

3)

4)

5)

6)

7)

8)

9)

PP) Measure the rectangles and Calculate the Area and Perimeter

1)

2)

3)

4)

5)

6)

7)

8)

9)

QQ) Measure the rectangles and Calculate the Area and Perimeter

1)

2)

3)

4)

5)

6)

7)

8)

9)

RR) Measure the rectangles and Calculate the Area and Perimeter

1)

2)

3)

4)

5)

6)

7)

8)

9)

SS) Measure the rectangles and Calculate the Area and Perimeter

1)

2)

3)

4)

5)

6)

7)

8)

9)

TT)   Measure the rectangles and Calculate the Area and Perimeter

1)

2)

3)

4)

5)

6)

7)

8)

9)

UU) Measure the rectangles and Calculate the Area and Perimeter

1)

2)

3)

4)

5)

6)

7)

8)

9)

VV) Measure the rectangles and Calculate the Area and Perimeter

1)

2)

3)

4)

5)

6)

7)

8)

9)

WW) Measure the rectangles and Calculate the Area and Perimeter

1)

2)

3)

4)

5)

6)

7)

8)

9)

XX) Measure the rectangles and Calculate the Area and Perimeter

1)

2)

3)

4)

5)

6)

7)

8)

9)

A) Measure the rectangles in Centimeter

1)
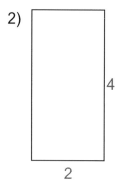
2

4

2)
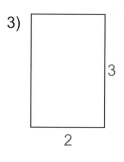
4

2

3)
3

2

4)
2

2

5)

4

1

6)
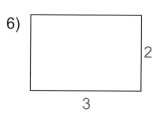
2

3

7)
5

3

8)
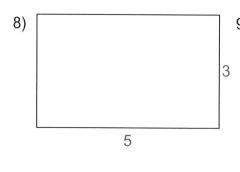
3

5

9)
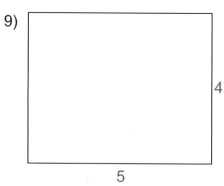
4

5

B) Measure the rectangles in Centimeter

1)
3

5

2)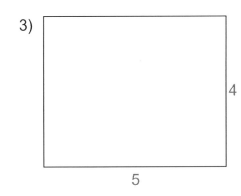
5

4

3)
4

5

4)
5

1

5)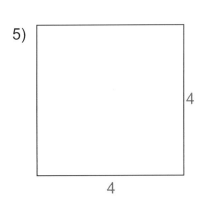
4

4

6)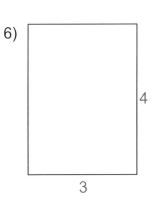
4

3

7)
3

4

8)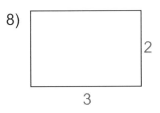
2

3

9)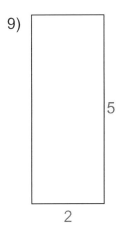
5

2

2

C) Measure the rectangles in Centimeter

1)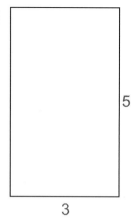
4

2)
5
3

3)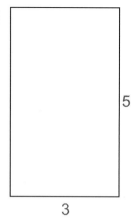
3
4

4)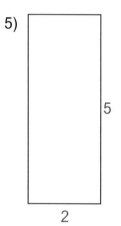
2
3

5)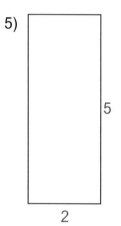
5
2

6)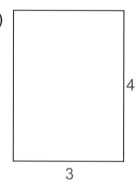
4
3

7)
2
5

8)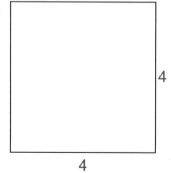
4
4

9)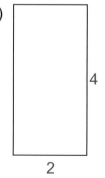
4
2

3

D) Measure the rectangles in Centimeter

1)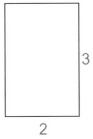
3
2

2)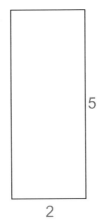
5
2

3)
4
3

4)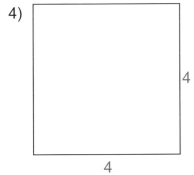
4
4

5)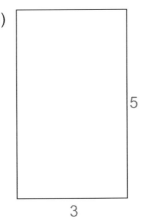
5
3

6)
3
4

7)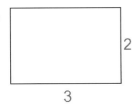
2
3

8)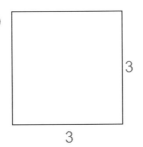
3
3

9)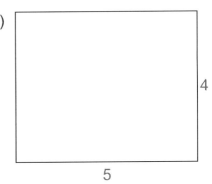
4
5

E) Measure the rectangles in Centimeter

1)

2

2

2)

5

4

3)

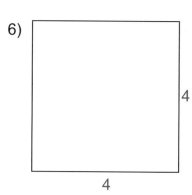

3

3

4)

4

3

5)

1

2

6)

4

4

7)

5

5

8)

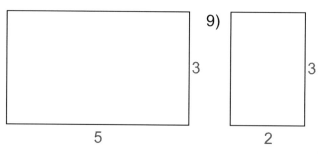

3

5

9)

3

2

F) Measure the rectangles in Centimeter

1)
3
4

2)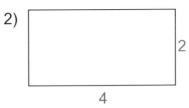
2
4

3)
5
1

4)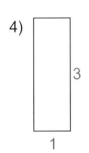
3
1

5)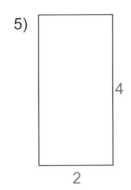
4
2

6)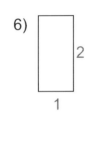
2
1

7)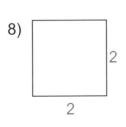
3
3

8)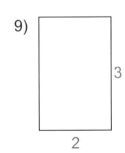
2
2

9)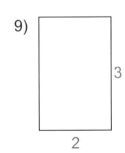
3
2

G) Measure the rectangles in Centimeter

1)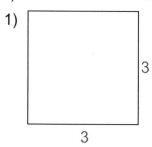
3
3

2)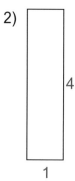
4
1

3)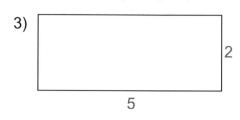
2
5

4)
1
3

5)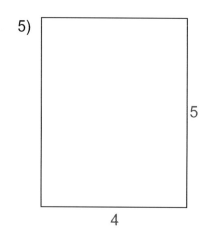
5
4

6)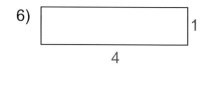
1
4

7)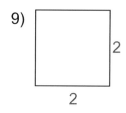
3
5

8)
2
1

9)
2
2

H) Measure the rectangles in Centimeter

1)

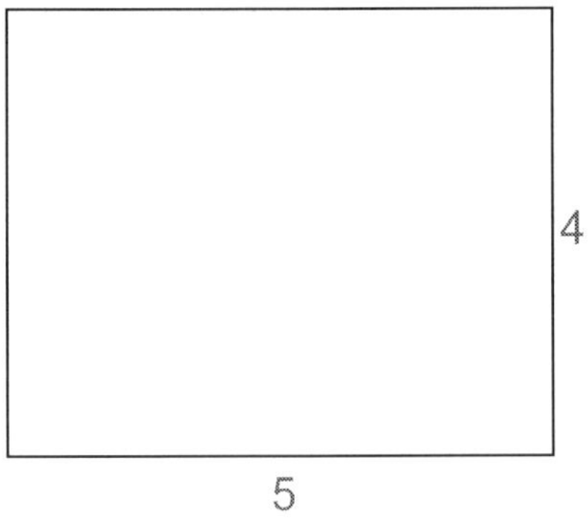

4

5

2)

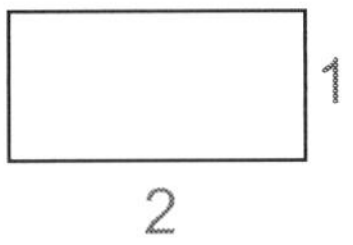

1

2

3)

3

5

4)

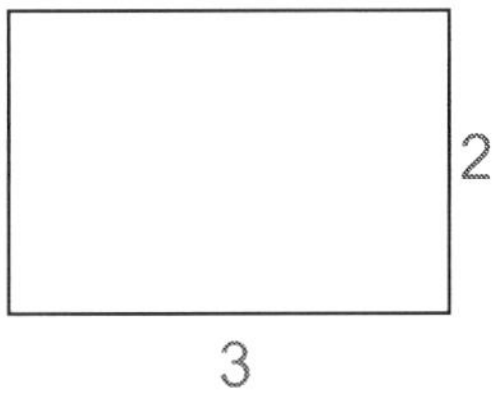

2

3

5)

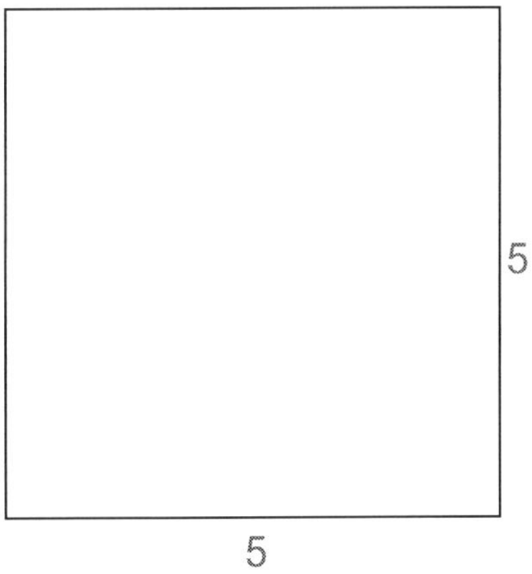

5

5

6)

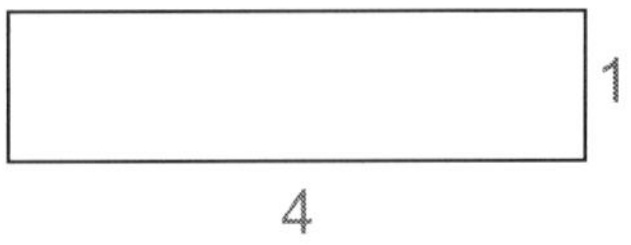

1

4

7)

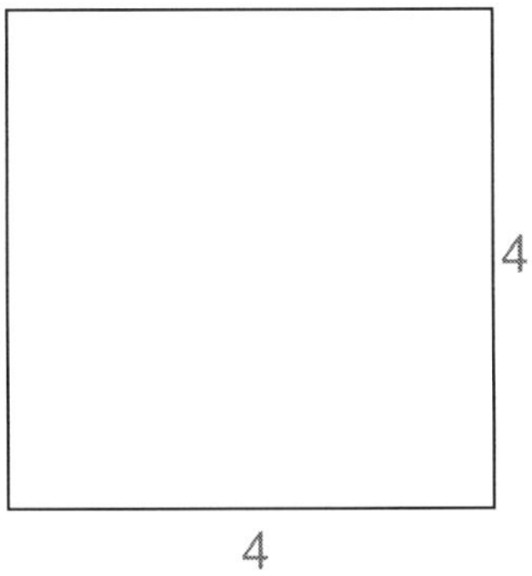

4

4

8)

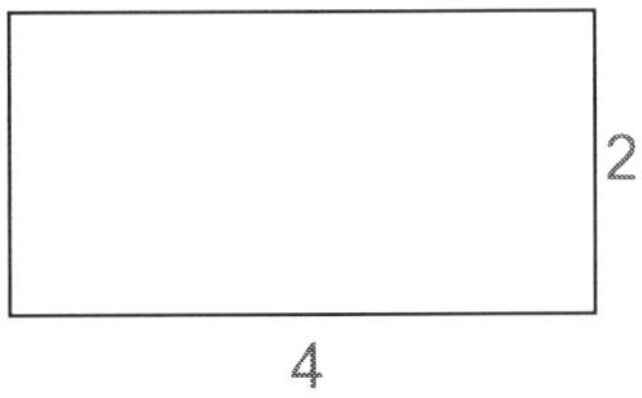

2

4

9)

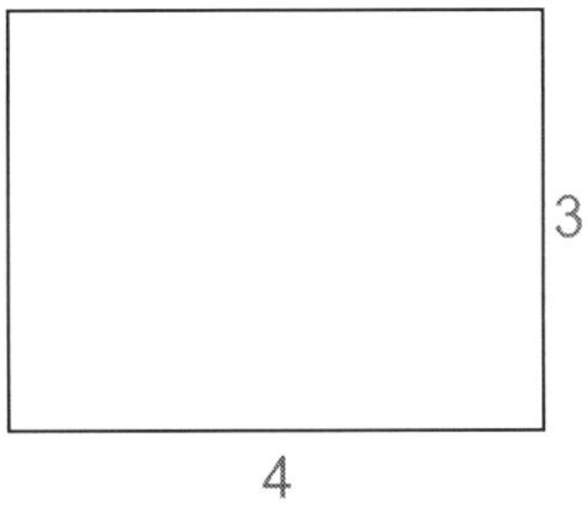

3

4

8

I) Measure the rectangles in Centimeter

1)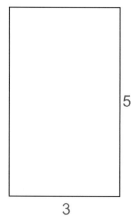
5
3

2)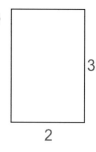
3
2

3)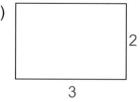
2
3

4)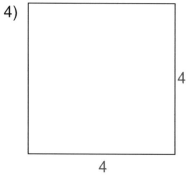
4
4

5)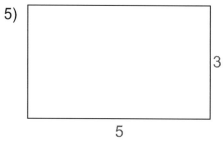
3
5

6)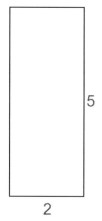
5
2

7)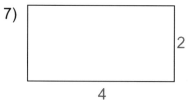
2
4

8)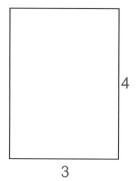
4
3

9)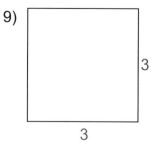
3
3

J) Measure the rectangles in Centimeter

1)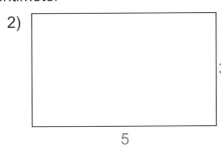
3
4

2)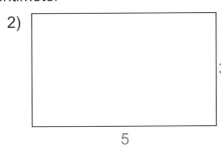
3
5

3)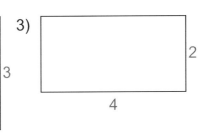
2
4

4)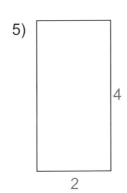
3
2

5)
4
2

6)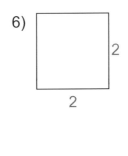
2
2

7)
1
5

8)
3
3

9)
5
3

10

K) Measure the rectangles and Calculate Perimeter

1)
P =12
2
4

2)
P =14
3
4

3)
P =12
3
3

4)
P =4
1
1

5)
P =14
5
2

6)
P =8
2
2

7)
P =6
2
1

8)
P =12
4
2

9)
P =16
4
4

L) Measure the rectangles and Calculate Perimeter

1)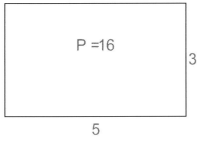
P =16
3
5

2)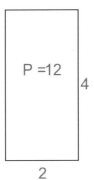
P =12
4
2

3)
P =8
2
2

4)
P =14
3
4

5)
P =14
4
3

6)
P =14
2
5

7)
P =10
2
3

8)
P =10
3
2

9)
P =6
1
2

M) Measure the rectangles and Calculate Perimeter

1)
P =10
2
3

2)
P =16
5
3

3)
P =8
2
2

4)
P =12
5
1

5)
P =16
3
5

6)
P =20
5
5

7)
P =6
2
1

8)
P =12
2
4

9)
P =18
4
5

13

N) Measure the rectangles and Calculate Perimeter

1)
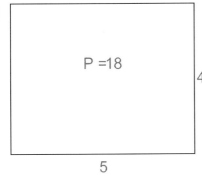
P =18
4
5

2)
P =10
2
3

3)
P =16
4
4

4)
P =12
2
4

5)
P =12
3
3

6)
P =12
5
1

7)
P =16
5
3

8)
P =16
3
5

9)
P =14
3
4

14

O) Measure the rectangles and Calculate Perimeter

1)
P =12
3
3

2)
P =12
2
4

3)
P =12
4
2

4)
P =14
3
4

5)
P =10
2
3

6)
P =8
2
2

7)
P =10
3
2

8)
P =18
5
4

9)
P =14
4
3

P) Measure the rectangles and Calculate Perimeter

1) P =8
2

2

2) P =14
4

3

3) P =12
2

4

4) P =14
2

5

5) P =14
3

4

6) P =14
5

2

7) P =12
4

2

8) P =18
5

4

9) P =10
3

2

16

Q) Measure the rectangles and Calculate Perimeter

1)
P =10

2

3

2)
P =12

3

3

3)
P =16

4

4

4)
P =14

3

4

5)
P =8

2

2

6)
P =10

3

2

7)
P =16

3

5

8)
P =16

5

3

9)
P =14

4

3

R) Measure the rectangles and Calculate Perimeter

1)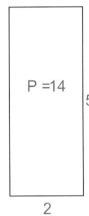

P =14

5

2

2)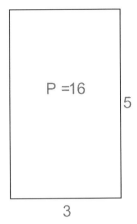

P =16

5

3

3)

P =14

2

5

4)

P =16

4

4

5)

P =14

4

3

6)

P =8

2

2

7)

P =14

3

4

8)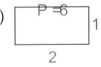

P =6

1

2

9)

P =12

2

4

18

S) Measure the rectangles and Calculate Perimeter

1)
P =12
2
4

2)
P =14
3
4

3)
P =16
4
4

4)
P =8
1
3

5)
P =16
3
5

6)
P =16
5
3

7)
P =10
1
4

8)
P =10
3
2

9)
P =18
4
5

T) Measure the rectangles and Calculate Perimeter

1)
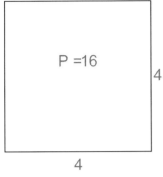
P =16
4
4

2)
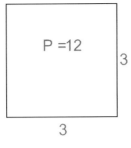
P =12
3
3

3)
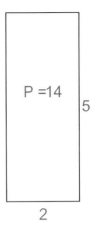
P =14
5
2

4)

P =12
2
4

5)

P =6
1
2

6)
P =12
4
2

7)
P =16
5
3

8)
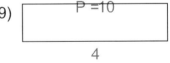
P =10
2
3

9)
P =10
1
4

U) Measure the rectangles and Area

1)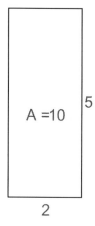

A =10   5

2

2)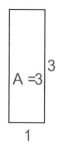

A =3   3

1

3)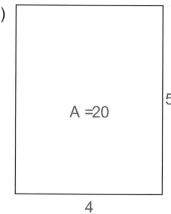

A =20   5

4

4)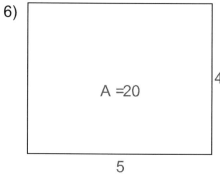

A =3

3

1

5)

A =4   2

2

6)

A =20   4

5

7)

A =16   4

4

8)

A =8   4

2

9)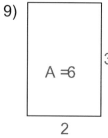

A =6   3

2

21

V) Measure the rectangles and Area

1)

A =4
2
2

2)
A =6
2
3

3)
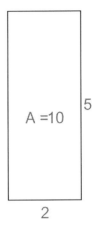
A =10
5
2

4)
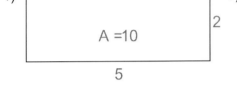
A =10
2
5

5)
A =12
4
3

6)
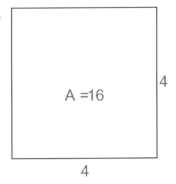
A =16
4
4

7)
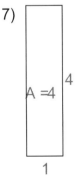
A =4
4
1

8)
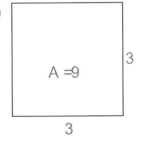
A =9
3
3

9)
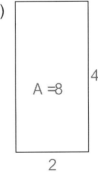
A =8
4
2

W) Measure the rectangles and Area

1)
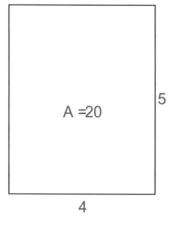
A =20
5
4

2)
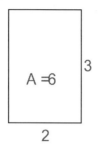
A =6
3
2

3)
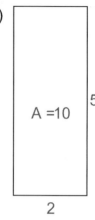
A =10
5
2

4)
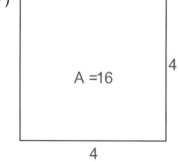
A =6
2
3

5)
A =8
2
4

6)
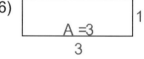
A =3
1
3

7)
A =16
4
4

8)
A =2
2
1

9)
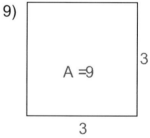
A =9
3
3

X) Measure the rectangles and Area

1)
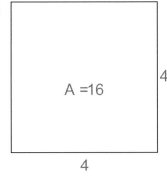
A =16
4
4

2)
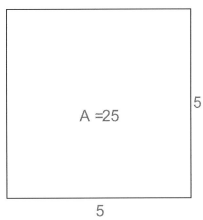
A =25
5
5

3)
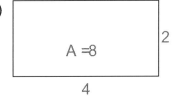
A =8
2
4

4)

A =15
3
5

5)

A =2
1
2

6)
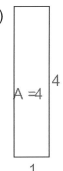
A =4
4
1

7)
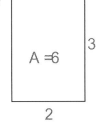
A =6
3
2

8)
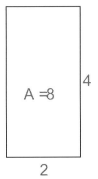
A =8
4
2

9)
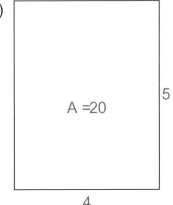
A =20
5
4

24

Y) Measure the rectangles and Area

1)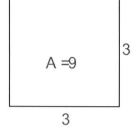

A =9

3

3

2)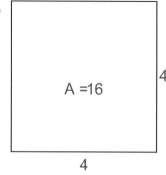

A =16

4

4

3)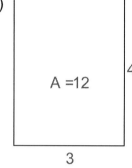

A =12

4

3

4)

A =8

4

2

5)

A =12

3

4

6)

A =8

2

4

7)

A =6

2

3

8)

A =1

1

1

9)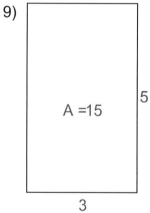

A =15

5

3

Z) Measure the rectangles and Area

1)
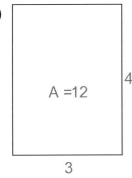
A =12
4
3

2)

A =2
1
2

3)
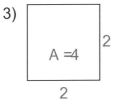
A =4
2
2

4)
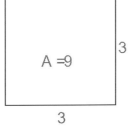
A =10
2
5

5)
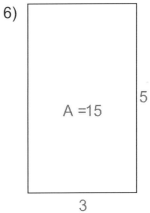
A =9
3
3

6)
A =15
5
3

7)
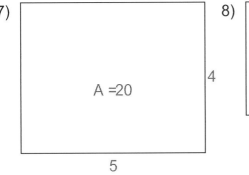
A =20
4
5

8)
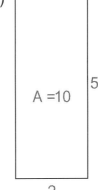
A =6
3
2

9)
A =10
5
2

26

AA) Measure the rectangles and Area

1)

A =4   2

2

2)

A =15   5

3

3)

A =8   4

2

4)

A =2   1

2

5)

A =10   2

5

6)

A =16   4

4

7)

A =12   4

3

8)

A =12   3

4

9)

A =8   2

4

27

BB) Measure the rectangles and Area

1)
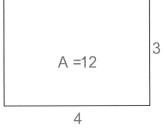
A =12
3
4

2)
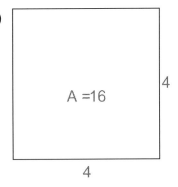
A =16
4
4

3)
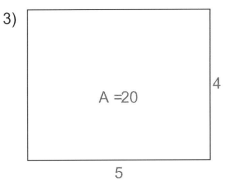
A =20
4
5

4)
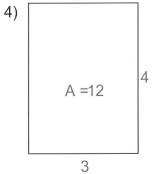
A =12
4
3

5)
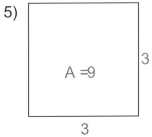
A =9
3
3

6)
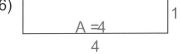
A =4
1
4

7)
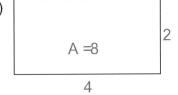
A =4
2
2

8)
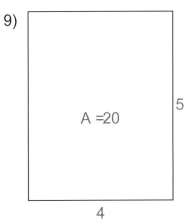
A =8
2
4

9)
A =20
5
4

28

CC) Measure the rectangles and Area

1)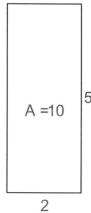
A =10
5
2

2)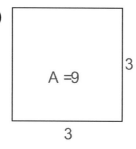
A =9
3
3

3)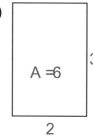
A =6
3
2

4)
A =4
2
2

5)
A =12
3
4

6)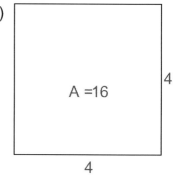
A =16
4
4

7)
A =8
4
2

8)
A =3
1
3

9)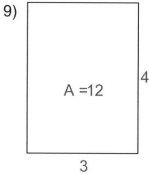
A =12
4
3

29

DD) Measure the rectangles and Area

1)
A =4
2
2

2)
A =20
5
4

3)
A =12
3
4

4)
A =4
4
1

5)
A =2
2
1

6)
A =8
2
4

7)
A =6
2
3

8)
A =1
1
1

9)
A =2
1
2

EE) Measure the rectangles and Calculate the Area and Perimeter

1)
P =14

A =10

2

5

2)
P =12

A =9

3

3

3)
P =16

A =15

3

5

4)
P =10

A =6

2

3

5)
P =18

A =20

4

5

6)
P =6

A =2

2

1

7)
P =14

A =10

5

2

8)
P =8

A =4

2

2

9)
P =18

A =20

5

4

FF)   Measure the rectangles and Calculate the Area and Perimeter

1)
P =16
A =15
5
3

2)
P =12
A =8
4
2

3)
P =16
A =15
3
5

4)
P =12
A =5
5
1

5)
P =8
A =4
2
2

6)
P =14
A =10
2
5

7)
P =14
A =12
4
3

8)
P =18
A =20
4
5

9)
P =14
A =12
3
4

32

GG) Measure the rectangles and Calculate the Area and Perimeter

1)
P =16
A =15
5
3

2)
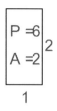
P =6
A =2
2
1

3)
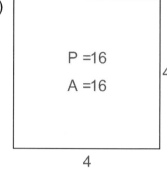
P =16
A =16
4
4

4)
P =18
A =20
4
5

5)
P =8
A =4
2
2

6)
P =18
A =20
5
4

7)
P =16
A =15
3
5

8)
P =14
A =10
5
2

9)
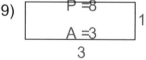
P =8
A =3
1
3

33

HH) Measure the rectangles and Calculate the Area and Perimeter

1)
P =16

A =15

5

3

2)
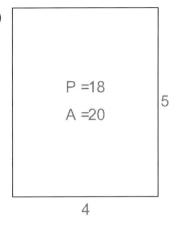
P =10

A =6

2

3

3)
P =18

A =20

5

4

4)
P =14

A =12

4

3

5)
P =12

A =8

2

4

6)
P =18

A =20

4

5

7)
P =8

A =3

1

3

8)
P =6

A =2

1

2

9)
P =8

A =4

2

2

II) Measure the rectangles and Calculate the Area and Perimeter

1)
P =14
A =10
2
5

2)
P =14
A =12
4
3

3)
P =8
A =4
2
2

4)
P =8
A =3
1
3

5)
P =14
A =10
5
2

6)
P =12
A =9
3
3

7)
P =10
A =6
3
2

8)
P =10
A =6
2
3

9)
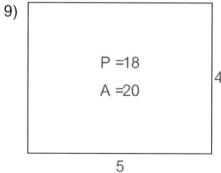
P =18
A =20
4
5

JJ) Measure the rectangles and Calculate the Area and Perimeter

1)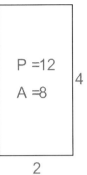
P =12
A =8
4
2

2)
P =14
A =12
4
3

3)
P =10
A =6
3
2

4)
P =16
A =15
3
5

5)
P =12
A =9
3
3

6)
P =20
A =25
5
5

7)
P =12
A =8
2
4

8)
P =18
A =20
5
4

9)
P =6
A =2
2
1

KK) Measure the rectangles and Calculate the Area and Perimeter

1)
P =10

A =4

4

1

2)
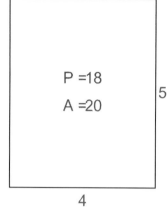

P =18

A =20

4

5

3)
P =12

A =9

3

3

3

4)
P =14

A =12

4

3

5)
P =14

A =12

3

4

6)
P =12

A =8

2

4

7)
P =8

A =3

1

3

8)
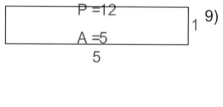

P =12

A =5

5

1

9)
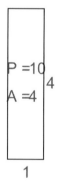

P =10

A =4

1

4

37

LL) Measure the rectangles and Calculate the Area and Perimeter

1)
P =20

A =25

5

5

2)
P =10

A =6

2

3

3)
P =16

A =15

3

5

4)
P =16

A =16

4

4

5)
P =10

A =4

4

1

6)
P =6

A =2

1

2

7)
P =12

A =8

2

4

8)
P =12

A =9

3

3

9)
P =14

A =12

4

3

38

MM) Measure the rectangles and Calculate the Area and Perimeter

1)
P =10
A =6
2
3

2)
P =18
A =20
4
5

3)
P =14
A =12
4
3

4)
P =12
A =9
3
3

5)
P =10
A =6
3
2

6)
P =12
A =5
1
5

7)
P =14
A =10
2
5

8)
P =14
A =10
5
2

9)
P =16
A =15
5
3

NN) Measure the rectangles and Calculate the Area and Perimeter

1)
P =12
A =8
2
4

2)
P =12
A =8
4
2

3)
P =10
A =6
3
2

4)
P =14
A =12
3
4

5)
P =18
A =20
5
4

6)
P =16
A =16
4
4

7)
P =14
A =10
2
5

8)
P =10
A =6
2
3

9)
P =8
A =4
2
2

OO) Measure the rectangles and Calculate the Area and Perimeter

1)
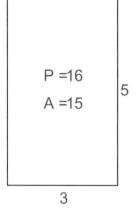
P =16
A =15
5
3

2)
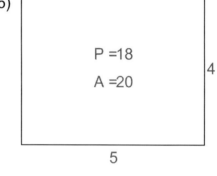
P =14
A =10
2
5

3)
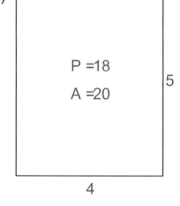
P =12
A =8
2
4

4)
P =14
A =10
5
2

5)
P =18
A =20
4
5

6)
P =18
A =20
5
4

7)
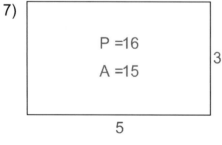
P =16
A =15
3
5

8)
P =12
A =8
4
2

9)
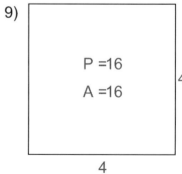
P =16
A =16
4
4

PP) Measure the rectangles and Calculate the Area and Perimeter

1)

P =12

A =8

4

2

2)

P =10

A =6

3

2

3)

P =18

A =20

5

4

4)

P =16

A =16

4

4

5)

P =14

A =10

5

2

6)

P =12

A =9

3

3

7)

P =16

A =15

5

3

8)

P =14

A =12

4

3

9)
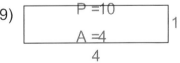

P =10

A =4

1

4

QQ) Measure the rectangles and Calculate the Area and Perimeter

1)
P =18
A =20
5
4

2)
P =8
A =4
2
2

3)
P =14
A =12
4
3

4)
P =18
A =20
4
5

5)
P =8
A =3
3
1

6)
P =14
A =12
3
4

7)
P =16
A =16
4
4

8)
P =12
A =9
3
3

9)
P =16
A =15
5
3

RR) Measure the rectangles and Calculate the Area and Perimeter

1)
P =10

A =6

3

2

2)
P =20

A =25

5

5

3)
P =14

A =12

3

4

4)
P =10

A =6

3

2

5)
P =8

A =4

2

2

6)
P =14

A =12

4

3

7)
P =10

A =4

4

1

8)
P =12

A =8

4

2

9)
P =16

A =15

3

5

44

SS) Measure the rectangles and Calculate the Area and Perimeter

1)
P =8
A =3
3
1

2)
P =10
A =6
3
2

3)
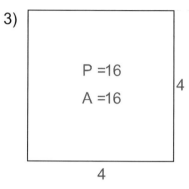
P =16
A =16
4
4

4)
P =10
A =6
2
3

5)
P =12
A =9
3
3

6)
P =14
A =12
3
4

7)
P =10
A =4
1
4

8)
P =8
A =4
2
2

9)
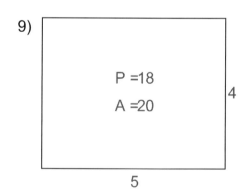
P =18
A =20
5
4

TT) Measure the rectangles and Calculate the Area and Perimeter

1)

P =14

A =12

4

3

2)

P =16

A =16

4

4

3)

P =8

A =4

2

2

4)

P =18

A =20

5

4

5)

P =10

A =6

3

2

6)

P =12

A =8

4

2

7)

P =16

A =15

5

3

8)

P =10

A =6

2

3

9)

P =6

A =2

2

1

UU) Measure the rectangles and Calculate the Area and Perimeter

1)
P =12

A =9

3

3

2)
P =14

A =12

4

3

3)
P =16

A =16

4

4

4)
P =12

A =8

4

2

5)
P =14

A =12

3

4

6)
P =10

A =6

2

3

7)
P =16

A =15

5

3

8)
P =18

A =20

5

4

9)
P =8

A =4

2

2

VV) Measure the rectangles and Calculate the Area and Perimeter

1)
P =12
A =8
2
4

2)
P =16
A =15
5
3

3)
P =12
A =9
3
3

4)
P =16
A =15
3
5

5)
P =10
A =6
2
3

6)
P =8
A =4
2
2

7)
P =16
A =16
4
4

8)
P =14
A =10
2
5

9)
P =14
A =10
5
2

WW) Measure the rectangles and Calculate the Area and Perimeter

1)
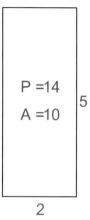
P =14
A =10
5
2

2)
P =16
A =15
3
5

3)
P =20
A =25
5
5

4)
P =8
A =4
2
2

5)
P =8
A =3
3
1

6)
P =12
A =8
2
4

7)
P =16
A =16
4
4

8)
P =18
A =20
5
4

9)
P =12
A =9
3
3

49

XX) Measure the rectangles and Calculate the Area and Perimeter

1)
P =6
A =2
2
1

2)
P =16
A =16
4
4

3)
P =8
A =4
2
2

4)
P =12
A =9
3
3

5)
P =10
A =4
1
4

6)
P =16
A =15
3
5

7)
P =14
A =10
2
5

8)
P =12
A =8
2
4

9)
P =14
A =12
3
4

Made in the USA
Monee, IL
08 February 2022